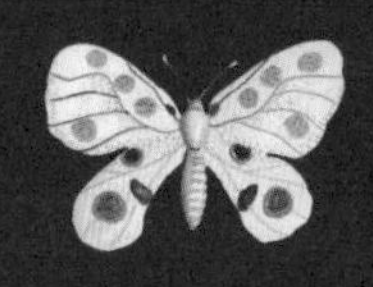

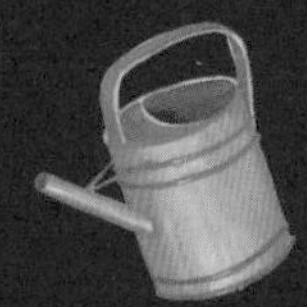

U0309020

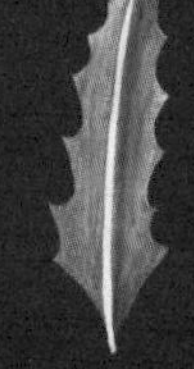
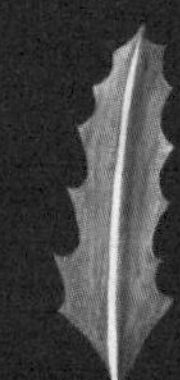

图书在版编目（CIP）数据

轻轻松松做园艺 / (澳) 柯尔斯滕·布拉德利著 ；(罗) 艾奇绘 ；魏林译. -- 昆明 ：云南美术出版社，2023.2
书名原文：Easy Peasy
ISBN 978-7-5489-5182-7

Ⅰ. ①轻… Ⅱ. ①柯… ②艾… ③魏… Ⅲ. ①园艺－儿童读物 Ⅳ. ①S6-49

中国版本图书馆CIP数据核字(2022)第217113号

Original Title :Easy Peasy: Gardening for Kids
Illustrated by Aitch
Written by Kirsten Bradley
Original edition conceived, edited and designed by gestalten
Edited by Angela Francis and Robert Klanten
Published by Little Gestalten, Berlin 2019

著作权合同登记号 图字：23-2022-102号

书　　名：轻轻松松做园艺
　　　　　Qingqingsongsong Zuo Yuanyi
作　　者：［澳］柯尔斯滕·布拉德利
绘　　者：［罗］艾 奇
译　　者：魏 林
出 版 人：刘大伟
出版统筹：吴兴元
责任编辑：汤 彦 李金萍
责任校对：王飞虎 吕 媛
选题策划：北京浪花朵朵文化传播有限公司
特约编辑：倪婧婧 余以恒
装帧制造：墨白空间·唐志永
营销推广：ONEBOOK
出版发行：云南出版集团
　　　　　云南美术出版社
社　　址：昆明市环城西路609号（电话：0871-64193399）
印　　刷：北京利丰雅高长城印刷有限公司
开　　本：889毫米×1092毫米 1/16
印　　张：3.5
版　　次：2023年2月第1版
印　　次：2023年2月第1次印刷
书　　号：ISBN 978-7-5489-5182-7
定　　价：68.00元

读者服务：reader@hinabook.com 188-1142-1266
投稿服务：onebook@hinabook.com 133-6631-2326
直销服务：buy@hinabook.com 133-6657-3072
官方微博：@ 浪花朵朵童书

浪花朵朵

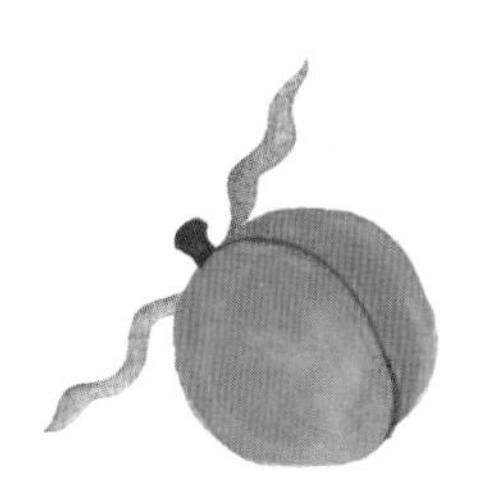

轻轻松松做园艺

[澳]柯尔斯滕·布拉德利 著 [罗]艾奇 绘 魏林 译

云南出版集团
云南美术出版社

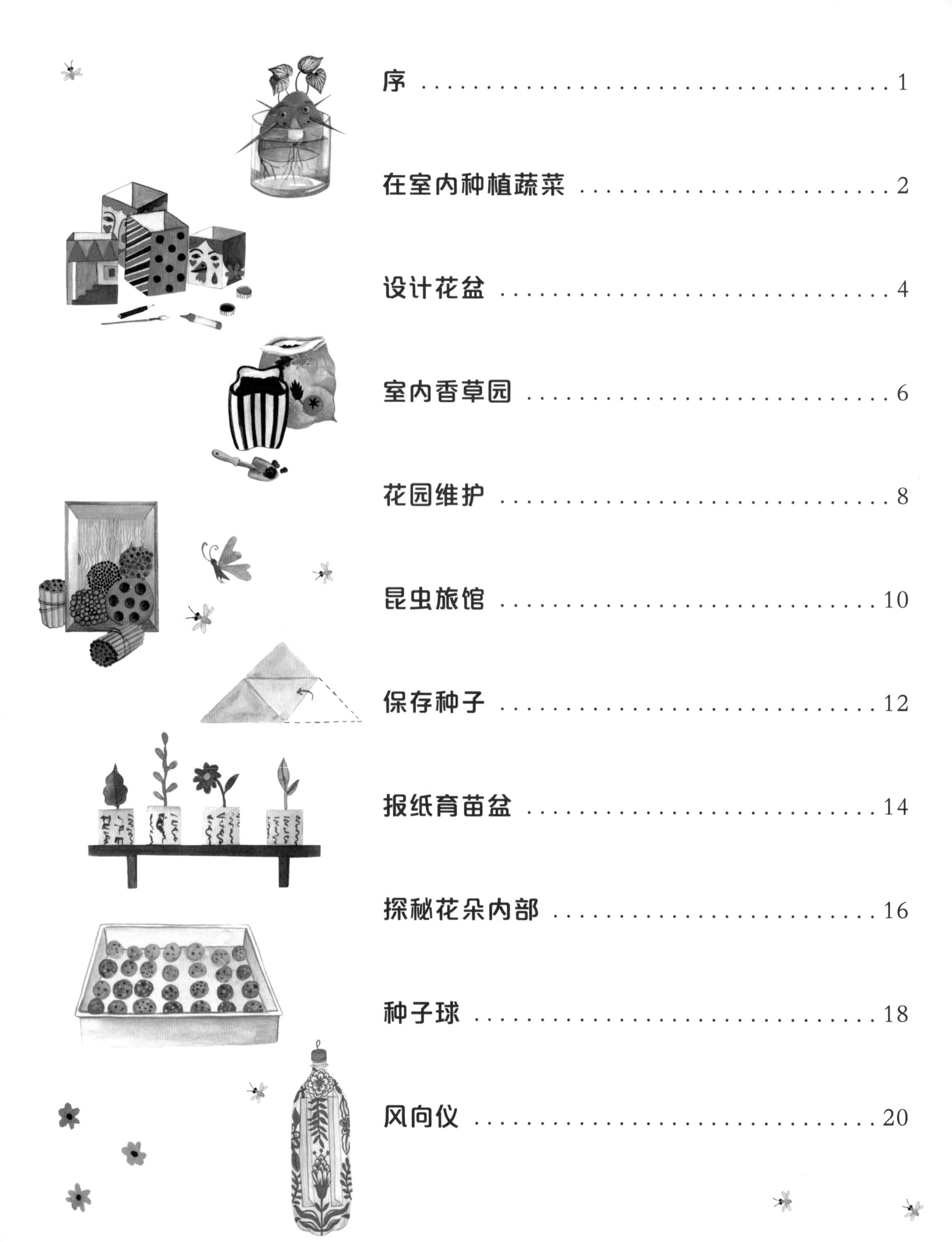

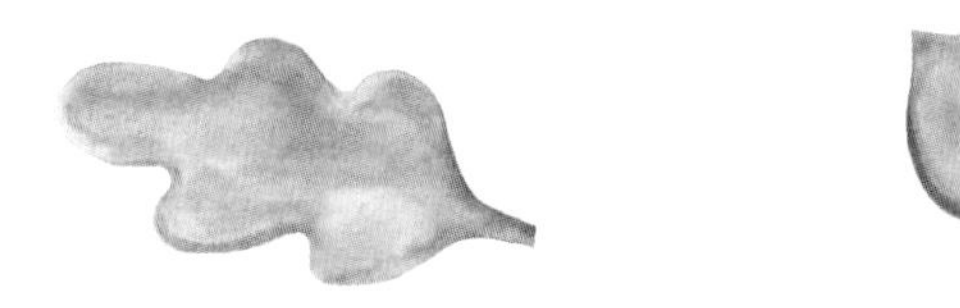

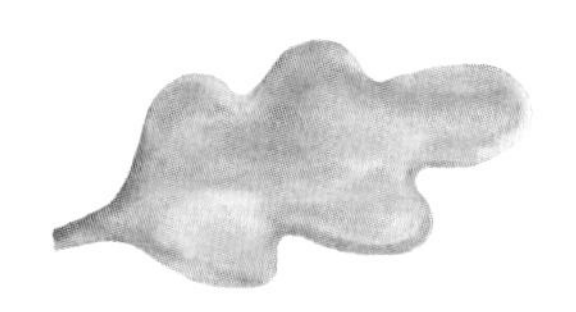

序

关爱自然、建造花园是每个人都可以做到的事情。无论你住在别墅里还是住在公寓里，不管你有没有小院子和阳台，甚至你只有一个窗台，你都可以拥有一座美丽的花园，可以通过它来了解植物的生长过程。你可以在花园里种植蔬菜、花草和树木。这样你就可以在做午餐的时候加入自己亲手种植的香草，可以在房间的花瓶里插上几枝自己亲手种植的玫瑰，还可以近距离地观察了解自然。

这本书提供了很多有趣的园艺活动，你不妨从这里开始你的园艺之旅。相信你不仅能够学会植物的栽培，还能掌握一些专业知识、培养观察能力和动手能力。你可以先试着做一个吸引传粉昆虫的小盆栽，可以在人行道的两侧种下一些花的种子球，甚至可以利用食材的边角料，在厨房的窗台上培育出一个新的“绿色伙伴”，比如一个“红薯宝宝”。书中所有的园艺活动都是为你精心设计的，大部分活动不需要大人的帮助，你自己就能完成。

打造自己的花园是一件有趣的事情，观察和了解居住地周围的生态系统能为你带来无穷的乐趣。你可以尝试着写一本自然日记，在里面记录下你所看到的野生动物，或者把采集到的花朵做成标本，你还可以在花园里建造一座昆虫旅馆，吸引传播花粉的昆虫光临。

尽情享受园艺的乐趣吧！

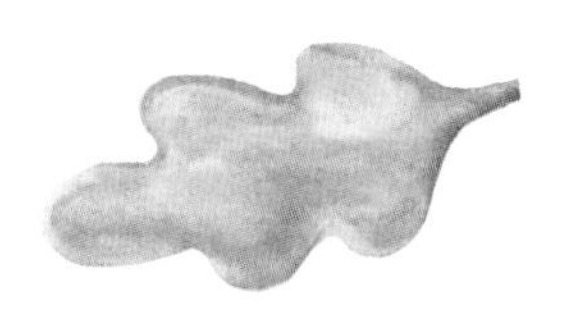

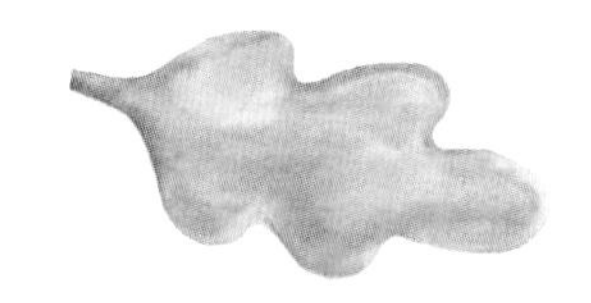

在室内种植蔬菜

你需要准备

牙签
半块红薯
一杯水
青葱
土

你知道吗，经过你的巧手，一些食材的边角料也可以重获新生。等它们再次长大，就又可以用它们做一道美味佳肴了。你只需要准备一杯水或一点儿土，就能轻松实现这个计划。

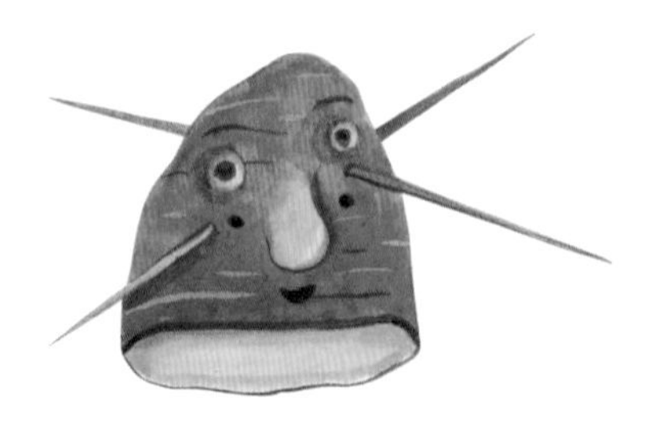

1

在红薯的中间位置插入几根牙签，让它固定在杯口上。

2

往杯子里倒入清水，不要倒得太满，水面距离杯口留出几厘米。

3

把红薯架在杯口，切开的一面朝下浸入水中，另一面露出水面。

4

把红薯放在光线充足的地方，但是不要让它暴晒。一般情况下，它会在一周之内生根发芽，长出新叶子。记得要让红薯的底部始终浸泡在水里。

红薯的叶子会不断地生长，你可以让它的藤蔓沿着窗框向上爬。
红薯叶是可以食用的，清炒或者做汤都是不错的选择。

设计花盆

为你的植物制作一些五颜六色的花盆吧！你可以去厨房收集材料，把那些空盒子保存下来。

你需要准备

干净的空牛奶盒，塑料或者纸质的都可以

每个牛奶盒配一个托盘

几块扁平的鹅卵石

小型的绿色植物

剪刀

马克笔

盆栽混合土

画笔和颜料

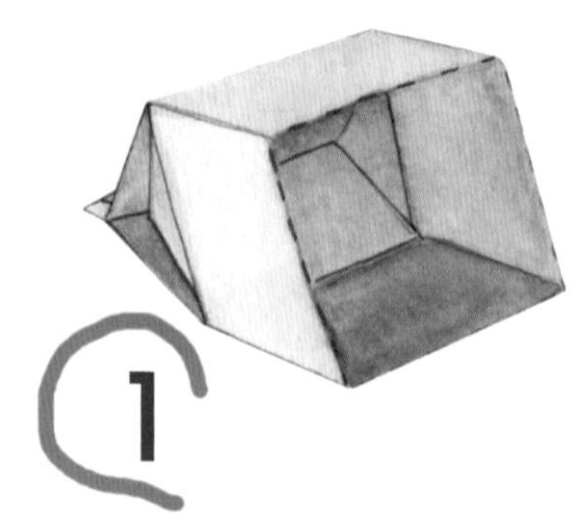

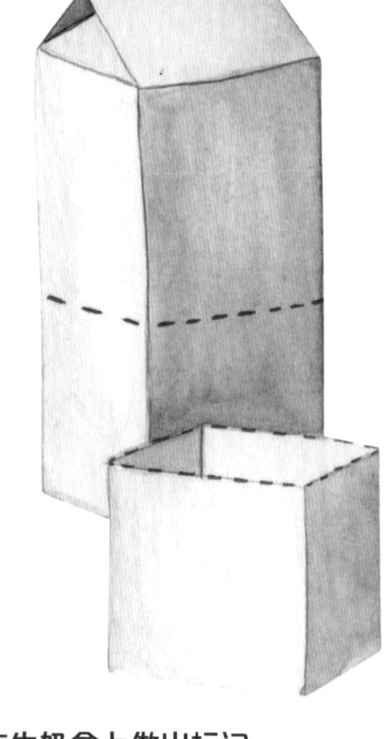

1

确定好花盆的高度，在牛奶盒上做出标记，然后把花盆那部分从牛奶盒上剪下来。

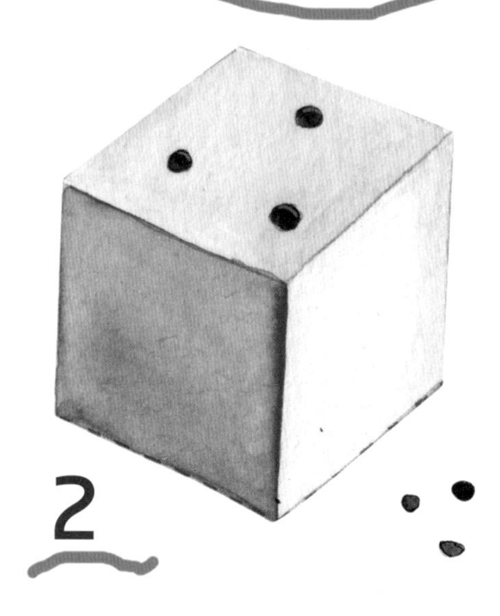

2

在牛奶盒的底部戳出三个排水孔。

3

现在可以装饰你的花盆啦！用颜料在牛奶盒的外面画上圆点、线条或你喜欢的图案，让你的花盆时尚又漂亮！

4

把盆栽混合土倒进你做好的花盆中，装到花盆高度的一半就可以了。然后把植物种进去，小心地把土填满、压实。

你还可以参考书里第22~23页的种植方法，在这样的花盆里种植花种子和香草。

5

在托盘中铺满鹅卵石，然后把花盆放在上面。

6

最后浇上少量的水，你的盆栽就大功告成啦！

室内香草园

你可以在窗台上种植一些香草，在你的家里建造一座“美味香草园”！动手之前你得先为你的香草园选个好位置——最好是在阳光充足的地方。

你需要准备

- 窗台专用种植箱或几个花盆
- 盆栽混合土
- 放在花盆下面的托盘
- 茴香和欧芹的种子

把土倒进花盆，装到距离盆口5厘米左右的高度，然后把土压实。

在土壤表面的左半部分撒上茴香的种子。

在土壤表面的右半部分撒上欧芹的种子。

4

在撒上种子的花盆里撒上一层土，把种子盖住，然后把土压实。

种上种子以后只要按时浇水，这些茴香和欧芹就可以持续生长一到两季。

5

等茴香和欧芹长到15厘米左右的时候就可以收割了。记得要用剪刀一棵一棵地收割，不要伤到它们的根部，这样它们就还可以长出茴香和欧芹来。

花园维护

土壤

土壤是植物的家，就像房子是我们的家一样。土壤肥沃，植物才能茁壮地生长。无论什么类型的土壤，它们都欢迎各种植物来这里安家！

浇水

无论种下什么植物都需要给它们浇水。有一个简单的方法可以检测你的花园是否需要浇水了。把手指插进土壤，感受一下它的湿度。如果土壤是湿的，就不用浇水；如果土壤干燥容易散开，那就需要浇水了。

堆肥

给土壤施加堆肥，就像给土壤吃营养丰富的大餐，这样你的植物才能长得又高又壮。把树叶、麦秆、干草与富含营养的食物残渣，像意大利千层面那样一层层地叠放在一起，层数越多越好，堆在那里让它们发酵。在发酵的过程中，堆肥的温度会升高，你甚至能看到蒸汽从顶部冒出来。

土壤的类型
黏土
用手使劲攥起一把土，如果
它们能牢固地粘在一起，这
就是黏土。
混凝土
你家的院子可能是用混凝
土铺成的，根本就没有土
壤。在这种情况下，就要
用很多很多的花盆来建
造你的花园了。
沙土
沙土不容易粘在一起，你把它攥
在手里，它会从指缝间流走。如果
你的花园中是这种土壤，那就比较适
合种植仙人掌一类的热带植物了。

昆虫旅馆

想吸引益虫来花园里做客，最简单的方法就是为它们提供一个不错的住处。大多数益虫都喜欢在干燥舒适的地方休息。你可以根据昆虫的不同喜好，建造不同类型的巢穴，为它们量身打造一个昆虫旅馆。

你需要准备

一个结实的旧箱子，木箱、纸箱、塑料箱都可以

几捆短的木棍、芦苇秆或细竹子

细绳

修枝剪

黏土

有些昆虫喜欢在木棍的缝隙中小憩；有些昆虫则喜欢藏在芦苇秆的空心里；还有一些昆虫喜欢隐匿在泥土或黏土做成的巢穴里。你可以尽可能地为昆虫建造各种类型的房间，让它们留下来！

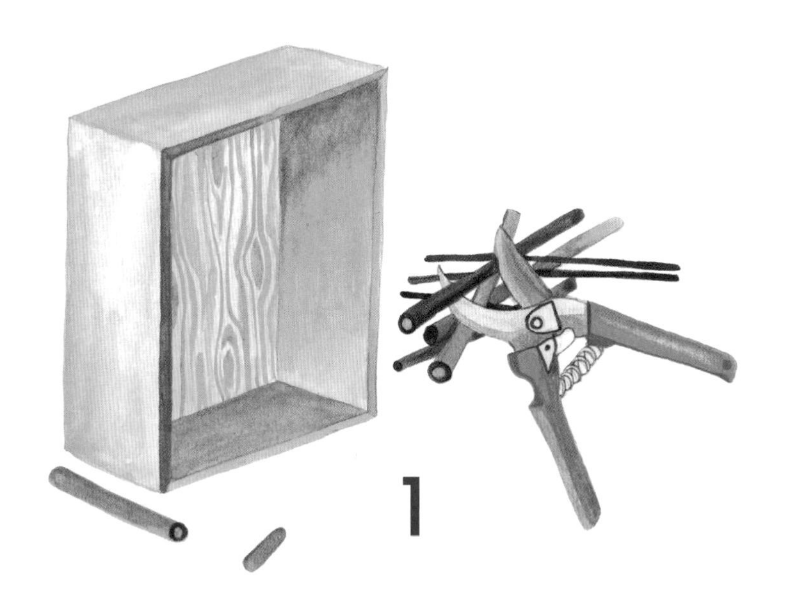

1

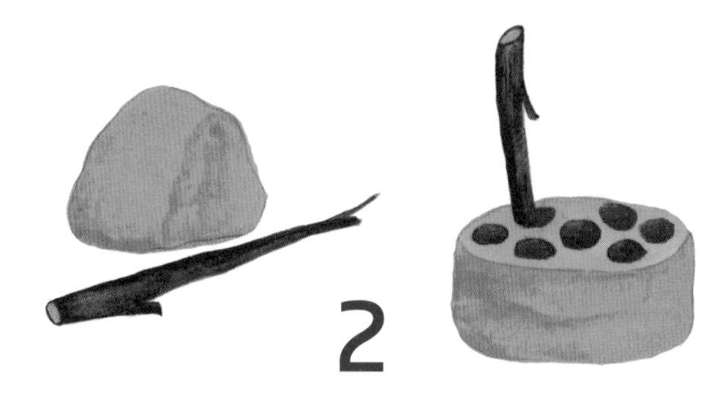

2

用黏土捏成一个扁一些的圆柱体，用一根木棍在圆柱体的上面戳几个小洞，每个小洞至少要有5厘米深。

把箱子竖起来，测量一下木棍和芦苇秆等材料的长度，使它们略长于箱子的边缘，再把它们剪到合适的长度。

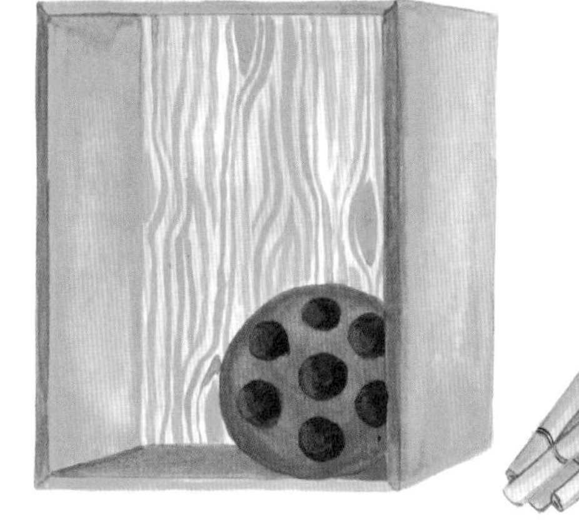

3

把黏土放在箱子下面的一个角落里，让有小洞的一面朝外。

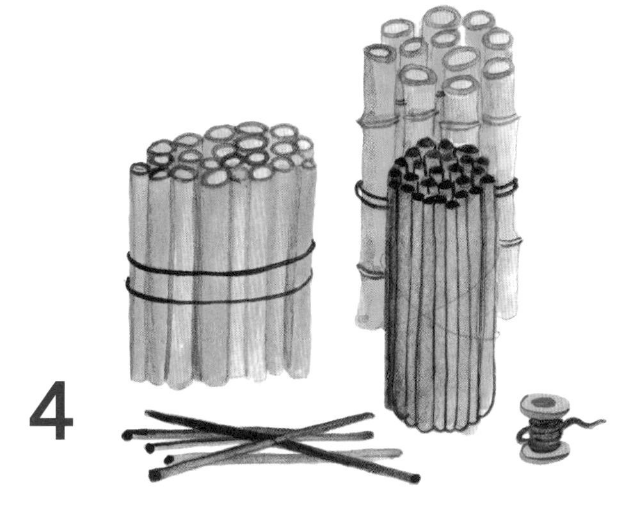

4

把木棍和芦苇秆等材料捆起来，相同材质的要捆绑在一起。用细绳捆绑结实以后，再把它们整齐地码放在箱子中。

5

把昆虫旅馆小心地搬到户外，固定在离地面至少1米高的地方——比如桌子上或架子上。记得要让昆虫旅馆避免风吹雨淋。

你做的昆虫旅馆可能需要一段时间才会被昆虫发现，当它们认定这里又舒服又安全了才会住进来。耐心地等待吧，总有一天你会发现昆虫客人的身影。说不定还有些昆虫会把这个旅馆介绍给它的昆虫朋友，这样一传十，十传百，你的昆虫旅馆就住满了客人。

保存种子

把植物的种子保存起来，你就可以不断地种出自己喜欢的植物了，你还可以把种子分享给你的朋友们。

你需要准备

正方形的纸

1 像上图画的这样把纸摆放好。

2 沿对角线对折，折成一个大三角形。

3 把右下角沿虚线向左翻折。

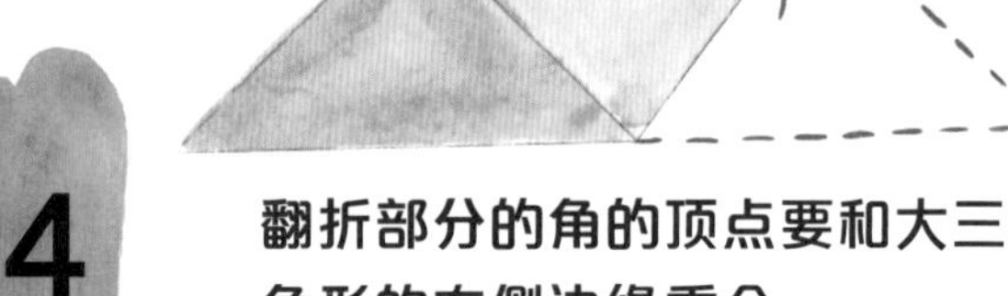

4 翻折部分的角的顶点要和大三角形的左侧边缘重合。

5 按照同样的方法把左下角向右翻折。

6 把上面的第一层纸塞进最前面的三角中。

一个种子信封就做好啦！你可以给它贴上标签，对它进行装饰，然后再把种子装进去。最后把信封的盖子塞进最前面的三角中，把信封封好。记得要把种子保存在凉爽干燥、远离虫害的地方。

报纸育苗盆

你需要准备

剪刀

报纸

一个全新的小罐头或小瓶子

胶带

想让种子在春天快点儿发芽吗？用报纸做个育苗盆吧！先把废报纸做成花盆的样子，再把种子放进去育苗。等种子发芽后，就可以把它移植到花园里了。

1

把一张双层的报纸按图上画的样子对折。

2

把报纸按图上的样子剪成3份大小相同的纸条，这样一次可以做出3个小育苗盆。

3

把其中1份纸条铺平，把罐头放在纸条的一端。

4

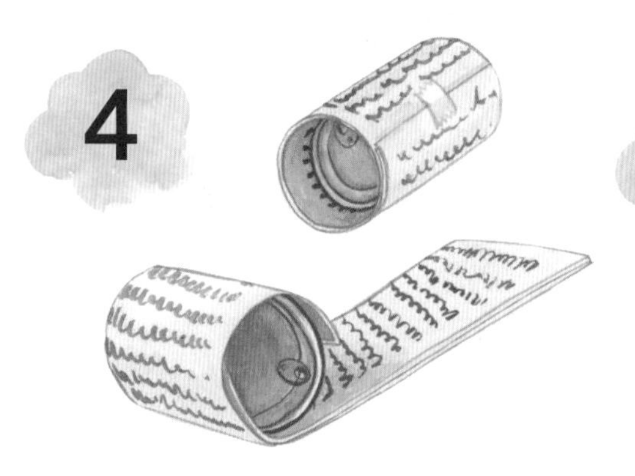

用纸条把罐头卷起来，不要卷得太紧。卷完后用胶带固定，这样就得到了一个纸筒。

5

把纸条高出罐头的部分紧紧按压下去，做出花盆底。

6

取出罐头，一个报纸育苗盆就做好了。接着做下一个吧！

用报纸做的育苗盆看起来太不结实了，但是只要填满土放到托盘上，就会变得非常坚固。

7

把做好的育苗盆放在托盘上，放入育苗土和种子。等到要把小苗移植到花园里的时候，只需要去掉育苗盆上的胶带，连育苗盆一起种进土里就可以了。

探秘花朵内部

什么是授粉?

你知道吗？每一座繁花似锦的花园，都要依靠传授花粉来延续它们的绚丽多彩。授粉是指花粉在花朵之间的传播。通过花粉的传播，植物才能结出果实和种子。

授粉是怎样进行的?

花粉长在花的雄蕊上，花粉从①花药落到②柱头上。

花粉在柱头黏液的刺激下长出花粉管。花粉管穿过花柱，进入③花的子房。

花粉管中的精子会使子房中的胚珠受精。

胚珠受精后，子房慢慢膨胀，形成果实。植物的果实千姿百态，我们熟悉的梨、南瓜、玫瑰果就属于不同类型的果实。果实中含有受精后的种子，这些种子成熟以后经过播种就会生根发芽，获得新的生命。

谁来传粉?

花粉是从雄花传播到雌花的，有些植物需要第三方的帮助才能完成传粉。这时候就需要有传粉高手来帮忙了！

谁是传粉高手?

我们身边每天都会出现传粉高手。有些传粉高手只为某一类植物传粉，有些传粉高手却丝毫不挑剔，可以为许多种植物传粉。

风： 风可以把花粉从一朵花带到另一朵花上。

蜜蜂： 蜜蜂在各种花朵之间采集花蜜和花粉。它们飞到哪里，花粉就会被带到哪里。

胡蜂： 胡蜂在吸食花蜜的时候，会沿路传播花粉。

鸟： 鸟在吸食花蜜的时候，会把沾到身上的花粉带到各处。

蝴蝶： 蝴蝶在吸食花蜜的时候，沾在头部和腿部上的花粉，会从一朵花转移到另一朵花上。

飞蛾： 有些飞蛾会在夜间飞到开放的花朵上，在那里吸食花蜜并传播花粉。

种子球

种子球就像一个神奇的魔力球，可以让你在任何地方实现种花的梦想。种子球是一个坚硬干燥的球，由黏土和堆肥制成，里面还包裹着花的种子。你想在哪里种花，就把种子球放到哪里，然后只要等着下一场大雨就行啦！一场大雨之后，雨水会冲刷掉黏土，把种子冲进土壤里。一两个月后，你就会看到花朵竞相吐蕊的美妙场景了。这些花朵会为传粉的昆虫和鸟提供更多的食物。

用筛子过滤堆肥，把细小的部分收集在桶里，把筛出来的大块堆肥放到花园里。

2

在桶中加入和堆肥一样多的黏土，这样就能做成一半黏土一半堆肥的混合土了。如果你使用的是可塑黏土，就请先加一点儿水，然后揉两下，让它变得柔软一些。

3

把种子倒进桶里。理想的配比是，每两杯混合土中加入一把种子。当然你也可以适当地增加或减少种子的数量。

把所有的原料混合在一起，加入少量的水搅拌，直到混合土足够黏稠，可以团成球为止。

取少量的混合土，用双手把它搓成樱桃大小的球，种子球就做好了。把做好的种子球逐一摆放在托盘上晾干。晾干后的种子球可以保存几个月。

在合适的季节里，把种子球放到你想让花朵生长的地方，然后就期待着一场大雨的来临吧！

风向仪

在你居住的地方，风是从哪个方向吹过来的？是不是春天从东边吹过来，秋天从西边吹过来呢？用塑料瓶做一个风向仪吧，让它帮助你了解花园里的天气和生态系统。你还可以把它装饰一下，给它画上漂亮的图案。

你需要准备

- 一个大塑料瓶
- 尖头剪刀
- 马克笔
- 曲别针
- 绳子

1

用马克笔在塑料瓶身上画几条竖直的线，注意：在线与线之间、线的两端与瓶口和瓶底之间，都要留出一定的距离。

2

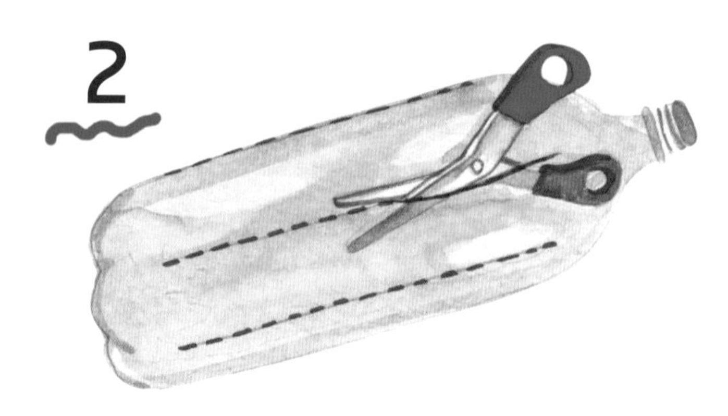

沿着塑料瓶身上画好的线剪出几个开口。

3

在每个开口的两端，沿着水平方向再剪出两个小口，并让这两个小口都在开口的同一侧。

4

把剪开的部分轻轻地压入瓶中。

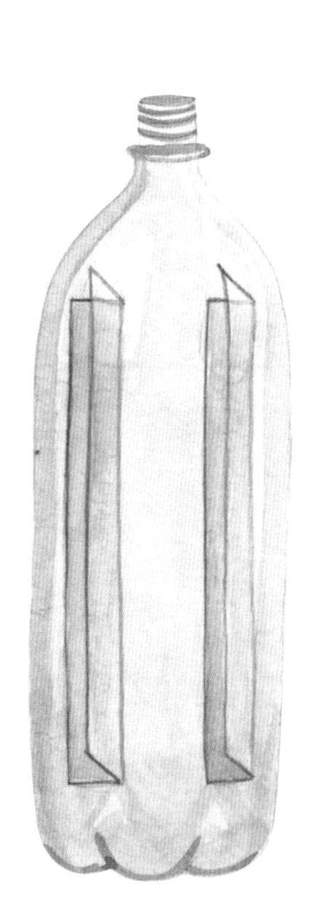

5

在塑料瓶盖上钻一个小孔。把曲别针拉直穿入塑料瓶盖，然后再把曲别针的两端弯折，使塑料瓶盖无法脱落，但是可以自由转动。

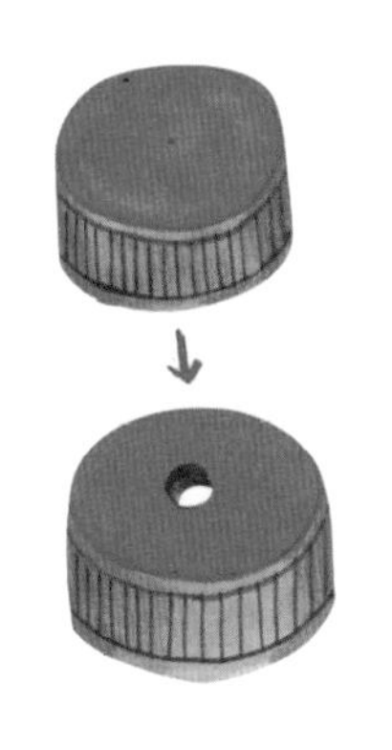

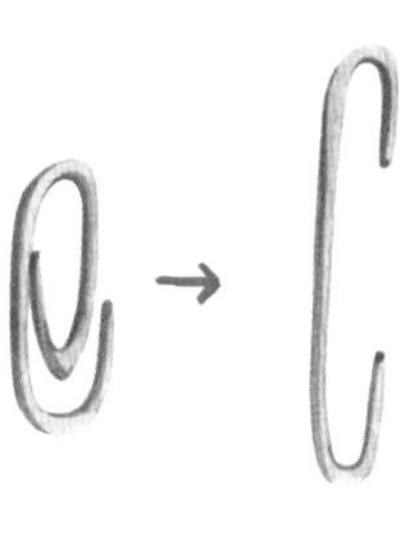

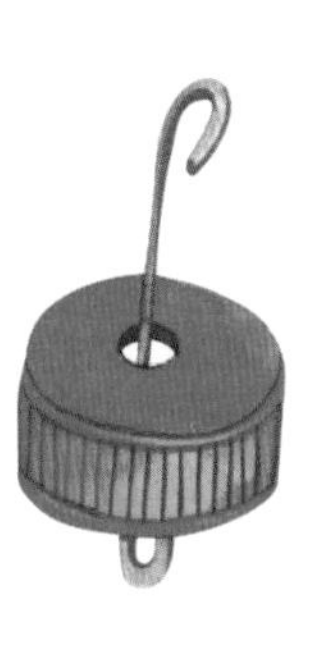

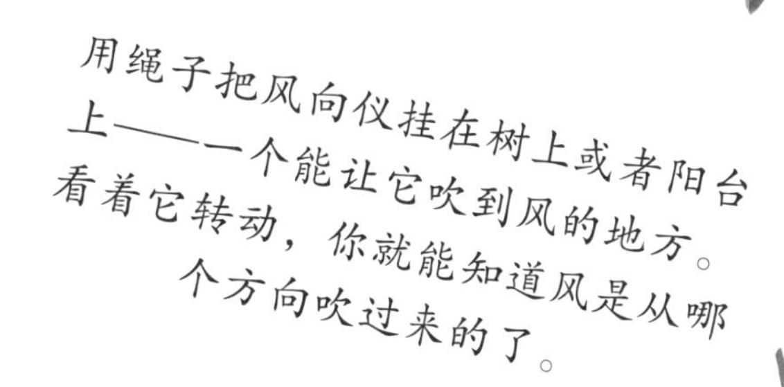

用绳子把风向仪挂在树上或者阳台上——一个能让它吹到风的地方。看着它转动，你就能知道风是从哪个方向吹过来的了。

6

用彩笔来装饰你的风向仪吧！

传粉者之家

如果你想吸引蜜蜂和蝴蝶来花园里帮忙传粉，不妨种植一盆它们喜爱的植物吧。等花儿盛开的时候，不仅是蜜蜂和蝴蝶，就连你也会喜欢上这些美丽的花朵。

你需要准备

一个大花盆

鹅卵石

足量的盆栽混合土

蜜蜂和蝴蝶喜爱的植物——金盏花、野胡萝卜、波斯菊、琉璃苣的种子，这些植物的种子都很容易成活和长大。

1

先把你的大花盆放到一个合适的地方，因为一旦里面装满了土，花盆就会变得很重，不容易搬动了。在盆底铺上一层鹅卵石，这样有助于土壤排出多余的水分，然后把土添加到距离花盆顶部10厘米左右的位置。

2

把种子撒在土壤的表面。

3

撒上一些土盖住种子，然后把土壤轻拍压实。

4

记住要定期给花盆浇水，查看种子的萌发情况。观察来访的传粉的昆虫，并把它们记录下来！

野生动植物日记

在日记中记录下花园里的野生动植物，可以帮助我们更好地感知四季的变化，了解植物的生长，认识身边的动物朋友。

为了避免日记的内容千篇一律，我们常常会注意到更多的事物，并把新鲜的事物记录下来。我们观察得越多，对花园里的一切就了解得越多。日积月累，你会惊讶地发现，自己已经在不知不觉中，掌握了那么多大自然的秘密！

写日记的时候，可以根据月份或季节进行规划。准备一个新本子，在最上方清楚地写下日期和地点，然后记录下你在花园里观察到的一切。

比如，你可以记录种植的蔬菜种类，以及在这些蔬菜之中你最爱吃的是哪一种。你还可以把花和叶子制成标本，贴在日记本上，这样就能把自己最喜欢的植物保存下来了。

希望你能关注下面这些问题：
哪些花会在春天最先绽放？
哪些花的花期最长？
哪些昆虫最喜爱蓝色的花朵？瓢虫、蜜蜂
还是蝴蝶？
你的花园里有什么种类的蜘蛛？
查一查它们的名字。
你家门前的树是在什么时候长
出第一片新叶的？落下最后一
片枯叶又是在哪一天？
你在今年的哪一天播种了
豆子，又是在哪一天收获
了果实？
每天你看到的云是什么样
子的？查一查它们属于哪
一种云，叫什么名字。
蜗牛喜欢待在花园的什么地方？你有没有看见过青蛙？

野生动植物

在花园里能见到哪些昆虫呢？不妨带上放大镜去找一找吧。仔细查看花朵里面、叶子上面、砖头和石块的下面，还有一些隐蔽的小洞里，这些都是昆虫经常出没的地方。大树也是适合观察的对象，因为有很多生物就住在大树里面。比如，你可能会在树皮里发现甲虫和蜘蛛，甚至还会在树洞里见到小鸟和其他小动物。

请留意这些动物的踪影！

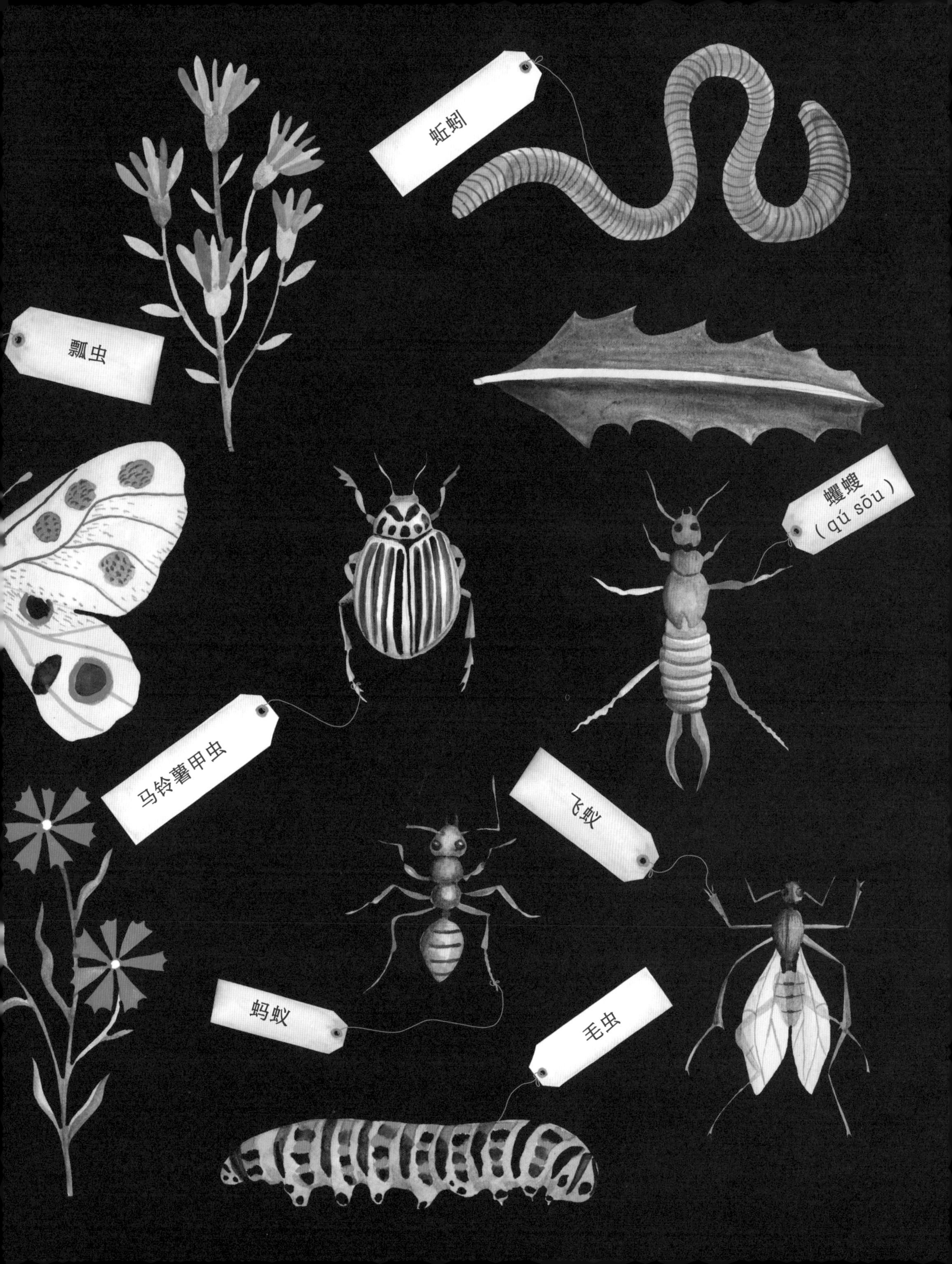

蚯蚓
瓢虫
蠼螋
（qú sōu）
马铃薯甲虫
飞蚁
蚂蚁
毛虫

苔藓球

窗台太小，放不下花盆？没有关系，做个毛茸茸的苔藓球吧！你可以把苔藓球挂在室内，为家中增添一抹怡人的绿色。

你需要准备

盆栽混合土

沙子

两块边长约为30厘米的方形粗麻布

很多绳子

一小株蕨类植物

新鲜的苔藓

1

取两把土和两把沙子，把它们倒入桶中混合在一起。

2

准备两根1米长的绳子，把它们放在桌子上摆成“X”形。

3

把粗麻布放在两根绳子的交叉处，然后把沙子和土的混合物倒在粗麻布的中央。

把绿色植物从花盆中轻轻地移出来，注意根部要保留一些原来的土，然后再把它放入沙子和土的混合物中。

5

小心地提起粗麻布的四个角，把土包裹起来，注意要把植物露出来。用绳子把粗麻布捆成一个球形。

6

在球形的外面再裹上一层粗麻布，把顶部扎紧。

7

把你挖到的苔藓贴在麻布球上，然后用绳子固定住，你的苔藓球就做好了。

8

可以在苔藓球上多缠一些绳子，直到苔藓球变得非常坚固。

9

把苔藓球放入水中浸泡30分钟。

10

从水中取出苔藓球，沥干多余的水分。可以在浴缸的上面，或者淋浴间里把它晾到不再滴水，然后就可以把它挂在屋子里啦！

每隔几周，或者当你感觉苔藓球的外表有些干燥的时候，就把它放在水里浸泡一下，让它保持青葱碧绿。

小鸟喂食器

你需要准备

一个塑料瓶
两把圆柄木勺
绳子
马克笔
鸟食
尖头剪刀
漏斗

鸟儿是花园以及生态系统中重要的组成部分。早春时节，小鸟很难找到食物。为了帮助它们，我们可以做个喂食器，给它们提供一些可口的食物。这项工作最好在冬天就开始动手做。

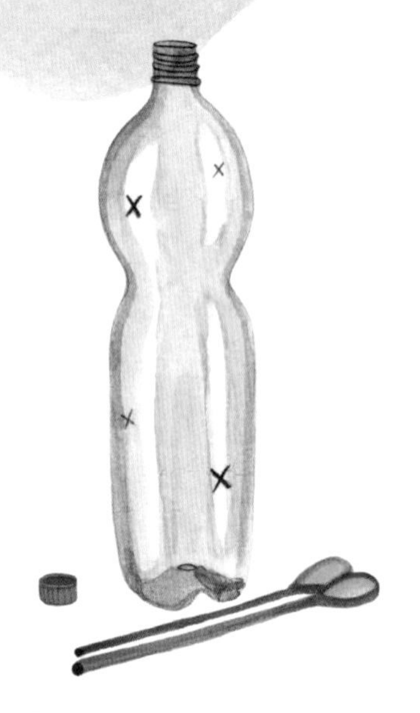

1

用马克笔在塑料瓶的两侧标出勺子穿过的位置，最好把两把勺子交错放置在不同的高度。

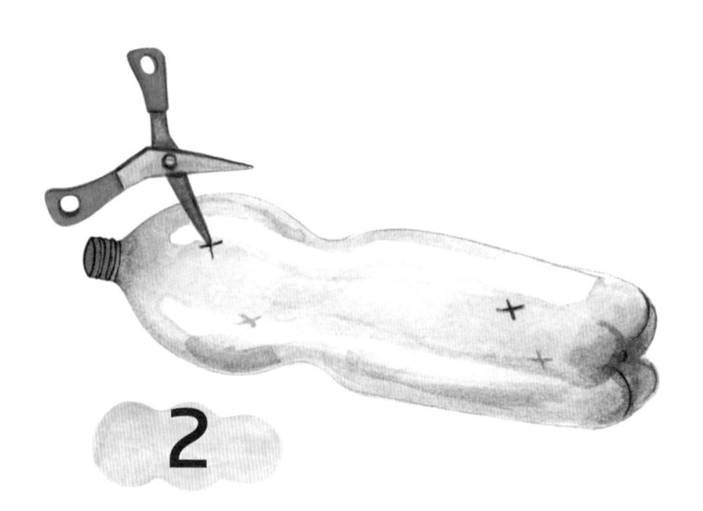

2

小心地用剪刀在标记处钻出小孔，小孔的边缘不用钻得特别整齐。这一步请大人帮助你完成吧。

3

把勺柄穿过小孔，一直推到底。这样勺子既不会脱落，又能有晃动的空间。

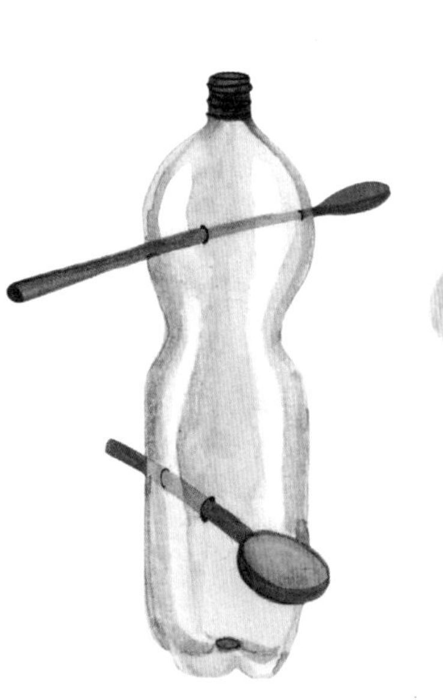

4

把漏斗插入瓶口，在瓶中灌满鸟食。

5 **拧紧瓶盖，用绳子把喂食器挂起来。**

当小鸟飞来的时候，常常会落到勺子上。小鸟的重量会使勺柄晃动，让一些鸟食从瓶子里流出来，这样它们就可以吃到食物了。直到瓶子里的食物被小鸟吃得差不多了，高度低于下面的勺柄的高度的时候，小鸟就吃不到食物了。这时候我们需要把喂食器取下来，重新把它装满，再把它挂回原来的地方。

微景观生态瓶

让咱们来把大大的花园装进小小的玻璃瓶里吧！瓶中的世界就像一个小型的生态系统：植物、温度和湿度相互影响。你可以把生态瓶摆在床头，这样每天早上一睁眼，就能感受到大自然的气息了。

你需要准备

一个玻璃瓶

小型喜阴植物——蕨类或者多肉植物都可以

新鲜的苔藓

活性炭

土壤

沙子

在瓶底铺满一层活性炭。

把等量的土和沙子倒入一个桶中进行混合。再把混合好的土倒入玻璃瓶三分之一的位置。

小心地把植物从花盆中移出来，轻轻地抖落根部的土，再把它们的根舒展开，种进玻璃瓶中。

把苔藓小心地铺在植物的周围，要铺满整个土的表面。向下压，把土压实，然后就可以给植物浇水了。

你可以按照自己的喜好，把生态瓶摆放在房间里的任何地方，但是要注意避免让阳光直射。浇水不要过量，每次浇一点儿就够了。

提示：和你的生态瓶聊聊天吧！我们呼出的二氧化碳是植物进行光合作用所必需的原料，所以和植物聊天也许能促进它们生长呢。

植物和它的朋友们

你知道吗？
植物也有自己的性格，
有些喜欢“群居”，有些喜欢“独处”；有些植物种在一起会长得更加茂盛和强壮，有些植物却不是这样。这种把很多种植物种植在一起的方式被称为“混栽”。把不同种类的蔬菜放在一起种植，还会让它们的味道变得更加可口呢！

采摘菠菜或香草等绿叶蔬菜的时候，请使用园艺剪小心地把叶子剪下来。千万不要用手去拔，否则会损伤植物的根。保护好植物的根，植物还会长出新的叶子，继续为我们提供食物。在收割胡萝卜或小红萝卜的时候，一定要把它们连根拔起来，把果实上的土在花园里清理干净再拿回室内，这样就不会弄脏厨房的水槽或地板了。

压制干花

你需要准备

一本大大的书

报纸

比较重的物品（例如砖头）

用来制成标本的花朵和叶子

我们可以用植物的花朵和叶子来压制干花和干叶子。压制好的干花和干叶子可以用来进行艺术创作和手工制作。有些花朵和叶子特别适合压制成干花，它们的表面比较平坦，没有特别大的凹凸起伏，比如三色堇、小雏菊、黑种草，还有秋天的落叶等。在用比较大的花朵做干花的时候，你可以把它们的花瓣摘下来，只把花瓣压制成干花。

1 打开书，在书页上铺张报纸。

2 把你采摘的花和叶子平整地摆放在报纸上并进行固定。

3 在花和叶子的上面再铺一张报纸，然后小心地合上书。

4 把重物压在书上，这样会把花和叶子压制得更加平整。

5

一个月后，打开书看看你压制的花和叶子是否已经干透了。如果没有，那就再耐心地等一个月吧。

种桃树

你需要准备

干净且干燥的桃核

密封罐

一个阴凉的角落，方便把桃核储存到春天

装满堆肥的小花盆

你有没有想过，小小的桃核是怎么变成大大的桃树的？试着亲手种种看吧！

1

当你吃到特别好吃的桃子的时候，别忘了把它的桃核收集起来！把桃核放入密封罐，然后把罐子放进冰箱，冷藏到来年的春天。

2

春天来临的时候，把桃核种入装满堆肥的小花盆里。如果发现有一两个桃核已经发芽了，也没有关系，把它们的根朝下植入土中就行了。

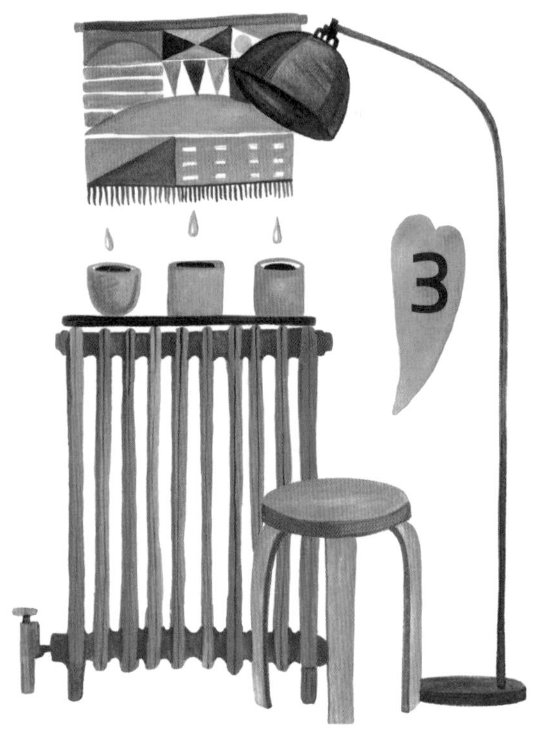

把育苗盆放在温暖的地方，并让土壤保持湿润。

如果你的小树苗长势良好，就可以把它移入大盆中了。

在桃树已经长成树苗的时候，你就可以把它移植到室外了。桃树一般三到四年后就会结果，在心中默默期待果实丰收的那一天吧！

这棵桃树有可能是杂交品种，所以它结出来的果实可能和你之前吃掉的果实有点儿不一样。

建造豆子城堡

你需要准备

许多菜豆或荷包豆的种子（检查一下，一定要使用蔓生菜豆，不能使用矮生菜豆）

许多长木棍（每根至少2米长）

一把小铲子

结实的绳子

在花园里建造一座属于你自己的豆子城堡吧！这样你就可以带上很多美味的零食藏在里面了。如果没有花园，你也可以尝试在花盆里种豆子，让豆子的藤蔓沿着窗户周围生长。

1

为你的城堡找到一个阳光充足的地方，在地面上画出一个圆圈，然后沿着圆圈的边缘挖出一道约10厘米深的沟。

2

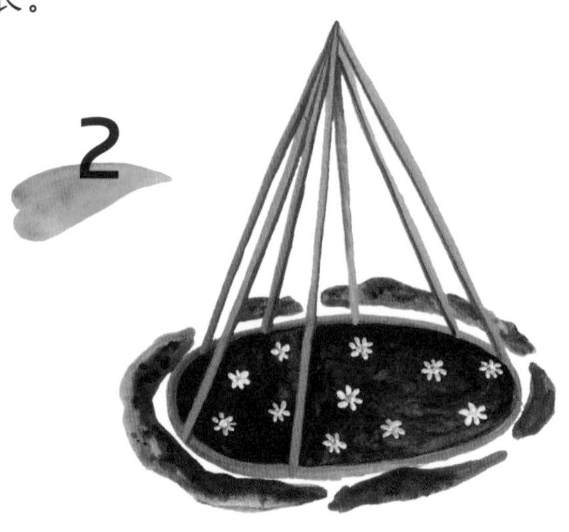

把木棍立起来。把木棍的下面插进沟里，把上面搭在一起，形成一个类似印第安人的帐篷的形状。搭建的时候，你可以请爸爸妈妈帮忙扶着木棍的上面。

3

用绳子把木棍的上面系紧，注意要给城堡留出入口。

4

把挖出来的土填回沟里，这样木棍的下面就能固定住了。注意要保持土壤疏松，因为要把种子种到这里面。

5

现在，你的城堡已经建好，可以种豆子了。种子要沿着沟播种，注意要把你入口的位置空出来。把种子埋入土里大约一个拇指深的位置，然后在上面多盖些土。

6

给种子浇一次水，在幼苗长出来之前（大概需要七天），就不用再浇水了。

不久你就能看到豆子的藤蔓沿着木棍蜿蜒而上。很快你就能优哉游哉地坐在你的绿色的豆子城堡中，美滋滋地享用新鲜的菜豆啦！

这些你都知道吗？

传粉

花粉从雄蕊传送到雌蕊的过程叫传粉。

传粉者

可以帮助花朵传播花粉的媒介，比如昆虫、鸟和风。

粗麻布

用天然材料编织而成的粗糙的布料，可以用来做园艺活动。

堆肥

堆肥是各类食物残渣、树叶等腐烂、分解后形成的混合肥料。堆肥能为土壤补充营养并改善土质，还能为植物提供更多的养料，帮助它们茁壮成长。

多肉植物

喜欢干燥的环境，叶子肥厚多汁，并具有储水功能的植物，大多是多肉植物。

黑种草

黑种草是一种开花的植物，花朵的颜色通常是蓝色、粉色或白色。

花粉

花粉是花的雄蕊上的细小粉末。它落到其他花朵或同一朵花的雌蕊上，就可以使这朵花受精。

花药

仔细观察花朵的内部，你能看到一些瘦长的细丝，这些细丝叫作花丝。花丝顶部膨大呈囊状的部分就是花药，花药中含有花粉。

茴香

茴香是香草的一种，味道类似于甘草糖，常用于烹饪，茴香籽可以泡茶。

混凝土

一种非常坚硬、沉重的材料。由小石子、水泥、沙子和水混合而成，常用于建造道路和房屋。

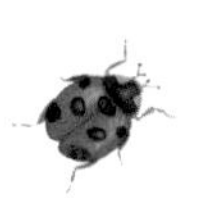

蕨类植物

蕨类植物是一种长着大型羽毛状叶子，并且不开花的植物。许多蕨类植物都可以在没有太多光线的地方茁壮成长，比如在森林里。

黏土

黏土是一种有黏性的土，用水湿润后可以用来塑造出各种器物，干燥后就能定型。可以用来制作陶器或者砖块。

三色堇

小型园艺花卉，花瓣呈圆形，色彩丰富。

施肥

通过给土壤添加堆肥或者其他有助于植物生长的养料，来改善土壤的质量。

受精

精子和卵细胞结合形成受精卵的过程叫受精。

苔藓球

把土壤塑造成球形，外面覆盖上苔藓就成了苔藓球，在苔藓球的土壤里可以种植小型植物。

种子

种子是种子植物用来繁殖后代的繁殖体，可以孕育出新的植物。

柱头

柱头是花朵里面用于接收花粉的部分，也是花粉萌发的地方。花朵里有许多细丝，一般中间那根较大较高的细丝就是花柱，花柱的顶端就是柱头。

子房

花的雌蕊下面膨大的部分叫子房，是被子植物生长种子的器官。